A
B
AB
O
U0394737

生物神探很忙
刘全儒◎主编
北方妇女儿童出版社
·长春·

图书在版编目（CIP）数据

生物神探很忙 / 刘全儒主编 . — 长春 : 北方妇女儿童出版社 , 2024.6
(少年博物)
ISBN 978-7-5585-8305-6

Ⅰ . ①生… Ⅱ . ①刘… Ⅲ . ①生物 – 少儿读物 Ⅳ . ① Q-49

中国国家版本馆 CIP 数据核字 (2023) 第 255090 号

SHENGWU SHENTAN HEN MANG

出 版 人	师晓晖
策 划 人	师晓晖
责任编辑	王丹丹
整体制作	北京华鼎文创图书有限公司
开　　本	720mm × 787mm　1/12
印　　张	4
字　　数	48千字
版　　次	2024年6月第1版
印　　次	2024年6月第1次印刷
印　　刷	文畅阁印刷有限公司
出　　版	北方妇女儿童出版社
发　　行	北方妇女儿童出版社
地　　址	长春市福祉大路5788号
电　　话	总编办：0431-81629600 发行科：0431-81629633
定　　价	45.00元

目录

受妈妈和爸爸的影响
从小热爱自然，喜欢生物学。

拥有一打喷嚏就进入奇幻世界——“梦火山”的超能力。

离开“梦火山”回到现实世界的唯一办法也是打喷嚏，但喷嚏总是可遇不可求。

猜猜我是谁？

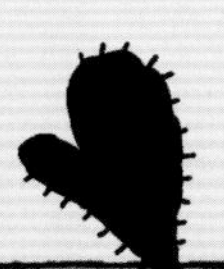

生活在17世纪的荷兰，既是一名商人，也是一个对微观世界充满好奇的年轻“神探”。

求知欲很强，
但由于他感兴趣的都是霉点、牙齿、血液之类的东西，所以在旁人眼里他可能是个怪人。

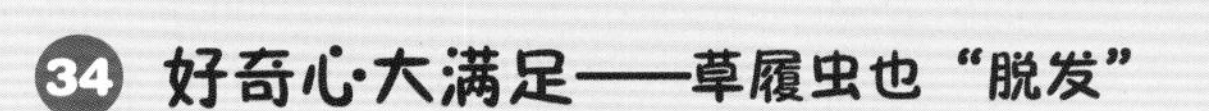

神探奇遇记
显微镜下的新世界
“阿嚏——这次又是哪儿呀，怎么感觉身体被门夹住了？！”
一不小心打了个喷嚏，小梦相当懊恼，
她又要错过一场烤肉派对了。
不过，她为什么会出现在这儿呢？原来，只要小梦一打喷嚏，
她就会瞬间进入一个全新的、未知的世界。
地下洞穴
四千年前的古埃及
小狗的耳朵……
这个世界像火山喷发一样不可预测，每天都给她带来惊喜，
所以小梦叫它“梦火山”。
随着光线慢慢变强，一个巨大的镜子出现在她面前，她这才看到镜子里的两排牙和牙齿的主人——一个卷毛大叔！
我不是被门夹住，是被门牙夹住了！
只见他的手指慢慢靠近牙齿，剔起了牙。
完了！我要和菜叶、牙垢一起被冲进下水道了。
紧接着，卷毛大叔竟然小心翼翼地把剔下的牙垢放在一个自制仪器上。小梦还不知道，这就是世界上第一个能把东西放大 270 倍的显微镜，而卷毛大叔就是未来震惊世界的科学家列文虎克！
旋钮
列文虎克的显微镜不到一个巴掌大小，使用时要对准光源，调节螺杆和旋钮，透过小小的透镜观察针尖上的样品。
针尖
螺杆
透镜

荷兰科学家列文虎克生于1632年，他凭借高超的磨镜技术，制作出了当时放大倍数最高的单式显微镜，并在对湖水、牙垢等的观察中最早发现微生物的存在。
放大的图像
透镜
物体
单式显微镜只使用一块凸透镜，能折射光线从而扩大视角，使物体看起来更大。
一滴污水中微小生物的数量比全荷兰的人数还多许多倍……
物体
目镜
放大的图像
物镜
复式显微镜使用两块凸透镜，能将被物镜放大的图像再次用目镜放大。而目镜的放大倍数乘以物镜的放大倍数，就是显微镜的放大倍数。
复式显微镜的发明可以追溯到16世纪末，荷兰眼镜商詹森和他的儿子把两个凸透镜放进一个筒中，发现透过这个圆筒看到的物体被放大了许多。
詹森父子 首创 复式显微镜
伽利略 从望远镜到显微镜
1610年左右，天文学之父伽利略在研究望远镜的同时，还用自制的复式显微镜观察过昆虫。
《显微图集》中的跳蚤插图
软木薄片细胞图
1665年，科学家胡克用自制显微镜观察软木薄片时发现了许多“小房间”，他将那些“小房间”命名为“细胞”，同时出版了《显微图集》，第一次把植物、动物和矿物的显微结构展现给世人。
胡克的显微镜
随着眼前的图像越来越清晰，列文虎克发现牙垢里竟然藏着许多活着的生物，以及一个脏兮兮的小姑娘！
就在他们对视的瞬间，一股神秘力量把小梦和列文虎克全部卷进了镜片里……

“梦火山永远不按常理出牌！”小梦这样想着，回过神来却发现自己正沿着一个滑梯向下滑行，眼前的景象让她感受到了前所未有的兴奋和好奇。
你好，我叫列文虎克。请问你一直住在我的牙齿里吗？
啪！
我是人类，不是蛀虫！等等……你叫列文虎克，“显微镜之父”列文虎克？
我可不知道我还有这样的称号。
你的显微镜直到19世纪才被超越，中间间隔了150年呢！
19世纪，恩斯特·阿贝提出了光学显微镜的成像理论，奥托·肖特发明了新型光学玻璃。他们与精密机械师卡尔·蔡司合作，造出了高性能的现代光学显微镜。
罗伯特·科赫，现代微生物学的奠基人，他使用蔡司发明的显微镜发现了导致霍乱和肺结核的细菌。
随着技术的发展，光学显微镜在结构和功能上不断得到创新，不仅在放大倍率上接近其极限（约为2000倍），还能连接电子设备，构成完整的图像采集和处理系统。
目镜
镜臂
物镜
载物台
压片夹
聚光镜
调焦旋
镜座
进入20世纪，光学显微镜已经不能满足人们的好奇心了。于是，科学家发明了电子显微镜，用电子束代替光线照射样品，使得显微镜的放大倍数达到百万倍。人类观察世界的尺度从微米变成了纳米。

微米、纳米是什么？
它们都是长度单位，微米很小，纳米更小！
将蝴蝶的翅放大，在毫米尺度能看到鳞片层层叠叠地排列着。
放大到微米尺度，能看到鳞片的形状和纹理。
放大到纳米尺度，鳞片上的脊、孔和其他复杂结构则显现出来。
几乎所有科技领域都离不开显微镜这个伟大的工具！
医生不仅能利用显微镜检测出人体内的病变、病菌、寄生虫，还能使用专门的手术显微镜进行神经外科、眼科等手术。
有了显微镜，生物学家才能观察到微观生命活动，加深对生命现象和机制的认识。
在侦查和分析犯罪现场时，指纹等肉眼不可见的痕迹要通过显微镜来发现和辨别。
显微镜有助于破译岩石的形成过程，帮助地质学家深入了解地球在数百万年间的变化。
纳米材料等新型材料的开发要用到显微镜，材料内部的微小裂纹和变形也只有在显微镜下才能看到。
小梦和列文虎克正看得入迷，巨大的广播声忽然在他们周围响起。
前方会有怎样的冒险旅程等待着他们呢？
请注意，请注意！前方即将到达细胞度假村，请旅客们带好随身物品，做好降落准备。

嗵——小梦和列文虎克掉进了一片粉色的“海”里。神奇的是，小梦非但不难受，反而感觉“海水”在源源不断地为她补充能量。然而，一旁的列文虎克却已经晕了过去！
欢迎来到细胞度假村
我们会全天为您供给营养丰富的培养液，
竭力为您打造舒适的居住环境。
请尽情享受属于您的乌托邦！
细胞培养液成分安全，欢迎监督
水
水是细胞生存必不可少的物质，也是构成细胞最主要的成分之一。一旦失去水分，细胞的生命过程就会停止。
糖类
葡萄糖、果糖等糖类能为细胞的生命活动提供能量。
无机盐
无机盐含有细胞所需的钾、钠、镁、铁等元素，有助于维持细胞的平衡状态和生命活动。
快醒醒！你看，这不是海水。
脂质
脂质既是细胞的能量来源，也是构成细胞膜的重要成分。
氨基酸
氨基酸是组成蛋白质的基本单位，而蛋白质是构成细胞的基本物质之一。
维生素
维生素是细胞维持生命和生长所需的一类微量物质。
我们变得和细胞一样，能直接从培养液里获得养分啦！

一转眼，小梦身后已经挤满了细胞。它们推着抢着往前游，很快就把小梦和列文虎克挤到了度假村的入口。
哇，用烤肉派对换一次度假游也不错嘛！
度假村，我来啦！
支原体是一种单细胞生物，直径只有 100 纳米，是最小的细胞。
可列文虎克还没恢复意识，这该怎么办呢？小梦只好使出她的喷嚏绝招！只见她随手抓了一个长着毛的细胞，用它搔列文虎克鼻子的痒……
就决定是你了！
阿
阿……
嚏！
这位游客，请注意您的行为！
……抱歉。
我是度假村的导游，草履虫。
用显微镜观察湖水，除了能找到草履虫，还可能看到这样一群活泼的微生物：
团藻
钟虫
太阳虫
新月藻
盘星藻
变形虫
哇，我在观察湖水的时候见过像你一样的小动物！
你们用脚快速移动着，游得十分优雅。
唉，老实说，你看到的不是脚，而是我们用于运动和进食的纤毛。
另外，我是原生生物，不是动物！尽管和你们多细胞生物不一样，我的身体简单得只有一个细胞，但我也可以独自生活……
草履虫正说得起劲，忽然，又一批细胞游客蜂拥而来，挤得他们都没地儿落脚了。看着细胞们一个比一个兴奋的样子，小梦越来越期待接下来的旅程啦！

这儿看起来真像个火车站！
火车是什么？
在正式踏入度假村前，细胞们必须通过一道严格的检查关卡。细胞警卫和安全扫描仪会对每个细胞进行查验，以确保不会有危险物质被带进去。
古菌是地球上
老的一类生物，它
多对极端生存环境
强的适应力，广泛
于深海、盐湖、沙漠
原核细胞请走绿色通道！
真核细胞请来蓝色通道排队！
科学家根据细胞内是否有细胞核，将细胞分为真核细胞和原核细胞两大类。地球生物都是由这两类细胞构成的，其中，真核生物由真核细胞构成，包括植物、动物、真菌和原生生物；而原核生物都由单个原核细胞构成，包括细菌和古菌。
嘿，你看！我们是真核生物。
草履虫，刚才你说你是原生生物，那到底是怎样一种生物呢？
下面这个程序会告诉你答案。
开始
植物
是
否
动物
是
否
真菌
是
否
原生生物
结束
细胞膜
高尔基体
细胞质
细胞核
内质网
线粒体
溶酶体
通常，真核细
由细胞核、细胞质和
胞膜构成。细胞核
细胞的控制中心
也是细胞中最大、
最重要的细胞器。
细胞质中还分布着
各种细胞器，它们像
工厂里的机器一样共
同维持着细胞的运转。
原生生物是一类真核微生物的集合，包含了众多像草履虫这样最原始、最简单，且无法被归类到植物、动物或真菌中去的真核生物。

海
盐湖
沙漠
细菌在土壤、水域和大气中广泛
在，对维持生态平衡有着重要意义。
动、植物体表或体内也有细菌
存，有的寄生菌会引发人类疾
，比如幽门螺杆菌，但也有像
酸菌这样对人类有益的细菌。
幽门螺杆菌
乳酸菌
原核细胞没有细胞核以及其他复杂的细胞器，但它有一团功能类似细胞核的拟核。
拟核
菌毛
荚膜
鞭毛
细胞壁
细胞膜
被扫描的时候感觉痒痒的。
细菌由单个原核细胞构成，它们的细胞大多有能帮助细菌附着在物体表面的菌毛，推动细菌在液体中游动的鞭毛，以及起到保护作用的细胞壁和荚膜。
脱氧核糖核酸（DNA）是细胞核和拟核都拥有的重要物质，细胞的生命活动主要依据DNA上储存的遗传信息来进行。
细胞膜
高尔基体
植物细胞往往拥有起到支持和保护作用的细胞壁，能进行光合作用的叶绿体，以及储藏细胞液的液泡。
叶绿体
细胞核
线粒体
内质网
液泡
细胞壁
只有少数真核细胞没有细胞核，比如哺乳动物血液中成熟的红细胞，其在发育的过程中失去细胞核。
失去细胞核之后，红细胞就变成中间凹陷的圆盘形状了。
发生什么事了？
“警报——警报——检测到病毒。请所有细胞保持冷静，原地等待救援。”
好不容易轮到小梦接受安全扫描，可怕的警笛声突然响起，细胞度假村里的警察、医生、消防员全部涌了过来！

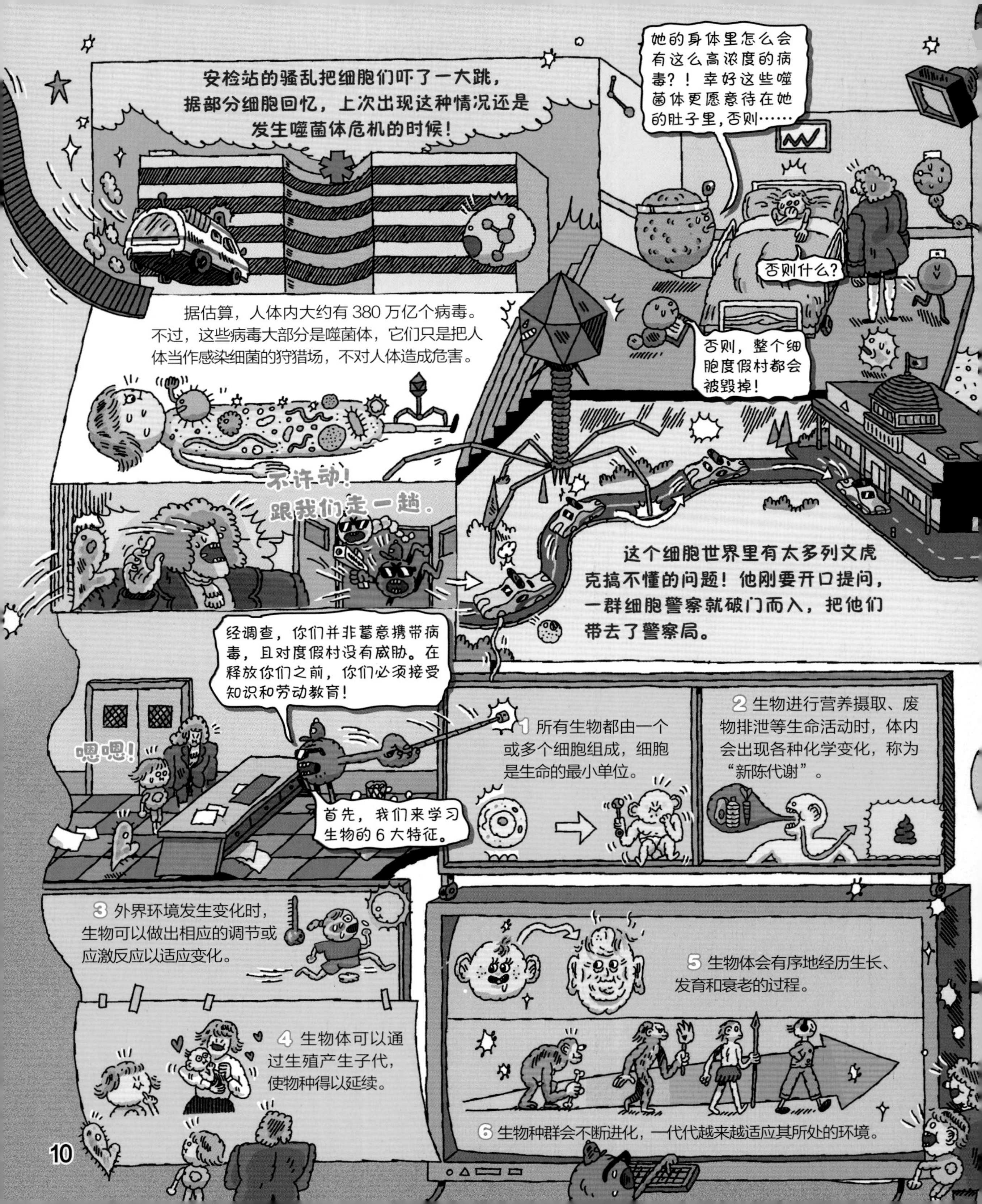
安检站的骚乱把细胞们吓了一大跳，
据部分细胞回忆，上次出现这种情况还是
发生噬菌体危机的时候！
她的身体里怎么会有这么高浓度的病毒？！幸好这些噬菌体更愿意待在她的肚子里，否则……
否则什么？
否则，整个细胞度假村都会被毁掉！
据估算，人体内大约有380万亿个病毒。不过，这些病毒大部分是噬菌体，它们只是把人体当作感染细菌的狩猎场，不对人体造成危害。
不许动！
跟我们走一趟。
这个细胞世界里有太多列文虎克搞不懂的问题！他刚要开口提问，一群细胞警察就破门而入，把他们带去了警察局。
经调查，你们并非蓄意携带病毒，且对度假村没有威胁。在释放你们之前，你们必须接受知识和劳动教育！
嗯嗯！
首先，我们来学习生物的6大特征。
1 所有生物都由一个或多个细胞组成，细胞是生命的最小单位。
2 生物进行营养摄取、废物排泄等生命活动时，体内会出现各种化学变化，称为“新陈代谢”。
3 外界环境发生变化时，生物可以做出相应的调节或应激反应以适应变化。
4 生物体可以通过生殖产生子代，使物种得以延续。
5 生物体会有序地经历生长、发育和衰老的过程。
6 生物种群会不断进化，一代代越来越适应其所处的环境。

病毒是一个十分特殊的存在！
病毒具有一些基本的生命特征，但它又不具备细胞结构，同时缺乏自主生存和代谢的能力，因此，很多科学家认为病毒不是真正的生命体。
病毒能感染所有的生命形式，甚至其他病毒。但病毒不全是致病性的，有些病毒对其宿主甚至是有益的。
信你们已经
过噬菌体危
了，那时肠杆
菌体入侵度
，导致了大
菌死亡。
肠杆菌噬菌体
宿主：大肠杆菌
郁金香碎色病毒
宿主：郁金香
绿藻病毒
宿主：小球藻
狂犬病毒
宿主：多种哺乳动物
郁金香居然也会感染病毒？这可是最近荷兰最受欢迎的花呢！
噬菌体感染大肠杆菌的过程
1 噬菌体将自己的DNA注射到大肠杆菌内部。
2 噬菌体诱导大肠杆菌的DNA降解，利用其大量复制子代噬菌体的DNA和蛋白质。
3 新复制的病毒DNA被包装到病毒蛋白质中，组装出完整的子代噬菌体。
4 当病毒颗粒充满细菌细胞后，细胞裂解并释放出大量子代噬菌体。
20世纪40年代，科学家德尔布吕克、卢里亚和赫尔希组成噬菌体研究小组，揭示了病毒的复制机理和遗传结构，推动了生物学和医学领域对病毒的研究，他们因此获得了1969年的诺贝尔生理学或医学奖。
我会在工厂外面等你们哟。
好的，现在你们已经完成了知识课程的学习，接下来就该去细胞工厂参与劳动了！

细胞工厂是整个度假村的核心，它能模拟真核细胞的运行状态并为游客提供营养和能量。今天，小梦和列文虎克就要亲身体验细胞工厂的繁忙运作。
梦负责 tRNA 的工
列文虎克去找负责
的溶酶体！
指挥部
细胞核
mRNA
动力室
线粒体
物流中心
高尔基体
后勤
溶酶体
生产部
核糖体
内质网
tRNA
别磨磨蹭蹭
tRNA 是用来开门的吗？它看起来真像一把钥匙。
和列文虎克分开后，小梦拿着手里的“钥匙”闲逛起来。工厂里最引人注目的就属这个巨大的细胞核了，小梦正想钻进上面的圆孔里瞧瞧，许多mRNA竟从那儿冒了出来。
细胞中存在多种功能各异的核糖核酸（RNA），其中信使核糖核酸（mRNA）的功能是传递 DNA 上的遗传信息，转移核糖核酸（tRNA）负责携带和运输合成蛋白质所需的氨基酸。
细胞核可是这儿的控制中心，不得随意进入！
细胞核主要由核膜、染色质及核仁构成。核仁位于细胞核内偏中心的位置，是核糖体形成的地方。
接到了胰岛素合成订单！
核膜将细胞核内部与细胞质分开，上面分布的核孔是核内外物质交换的通道。
染色质主要由 DNA 和蛋白质组成，储存着细胞大部分的遗传信息。
细胞核之所以是细胞的控制中心，就是因为DNA储存的遗传信息决定着蛋白质的合成，而蛋白质又是构成细胞的基本物质。当细胞需要特定蛋白质时，对应的DNA片段会被“录入”mRNA，由 mRNA 在细胞质中指导蛋白质合成。

你有时间闲逛，不如先把合成胰岛素需要的氨基酸找来！
我这就去！
细胞中tRNA的种类很多，每种tRNA只能“抓取”一种氨基酸。
胰岛素是人体所需的一种蛋白质，生物学家桑格最早测定了胰岛素的氨基酸排列方式，开辟了人类认识蛋白质结构的新道路，因此获得了1958年的诺贝尔化学奖。
诺贝尔奖与生命科学
原来它不是钥匙呀！
核糖体主要附着在内质网上，是蛋白质的“生产车间”。
蛋白质在内质网中形成后会被膜包裹成囊泡送至高尔基体，再由高尔基体对蛋白质做进一步加工并“打包”送往需要的地方。
在mRNA的指导下，tRNA会带着氨基酸依次进入核糖体，并将不同的氨基酸按特定顺序排列起来，形成一条长链。最后，由内质网将氨基酸长链加工成有生物活性的蛋白质。
在工厂的另一边，几台线粒体“动力室”正快速运转。同样忙碌的还有列文虎克和他的溶酶体同伴们，工厂里到处都是等待他们清洁的废料！
溶酶体能分解衰老、损伤的细胞器，吞噬并杀死入侵的病毒或病菌。若溶酶体发生异常，不能正确维护细胞环境，就可能引发多种疾病。
真核细胞生命活动所需的能量约95%来自线粒体。
不许偷懒，我们的工作可是关系着生命的运行呢！
好累呀……

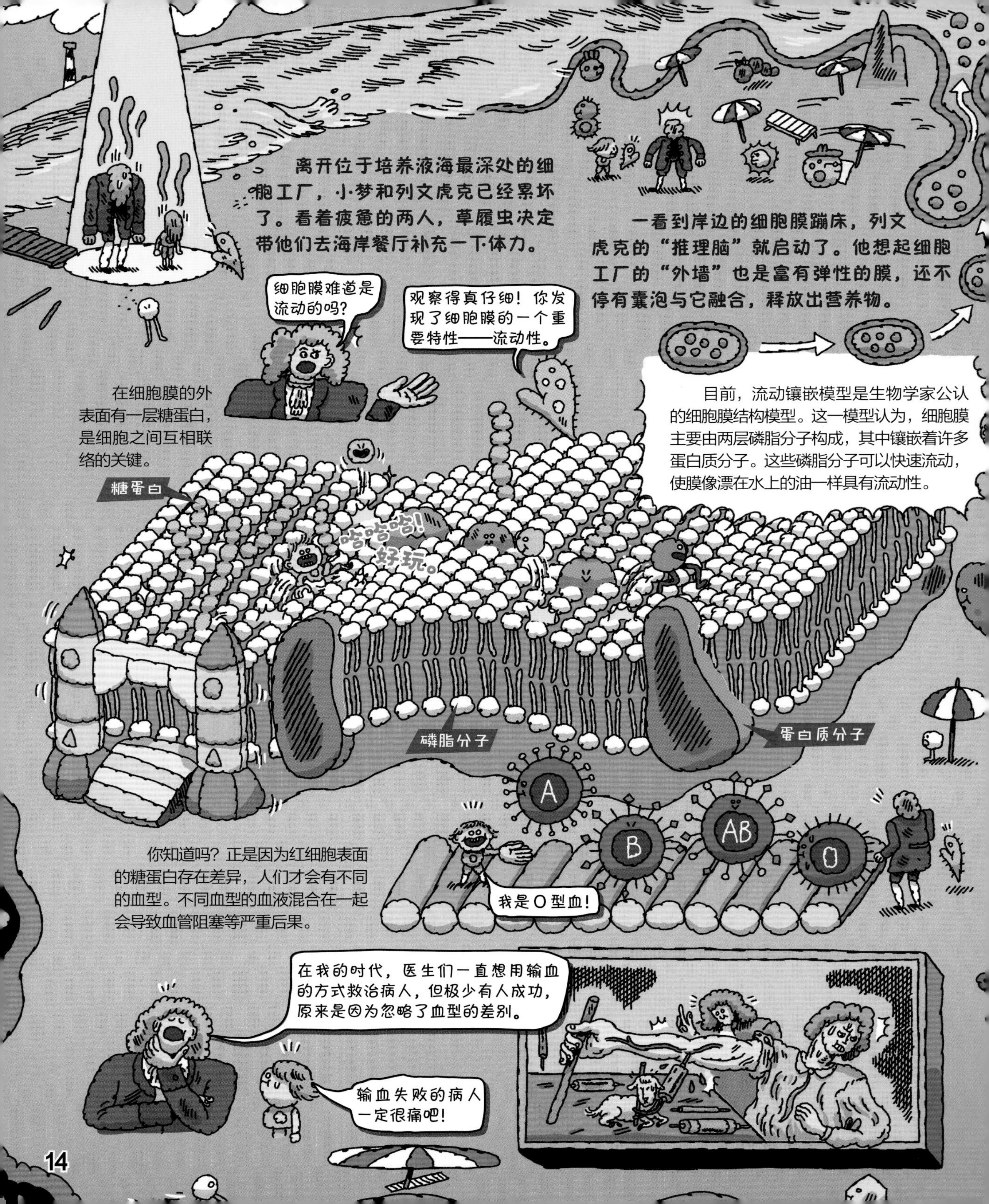

离开位于培养液海最深处的细胞工厂，小梦和列文虎克已经累坏了。看着疲惫的两人，草履虫决定带他们去海岸餐厅补充一下体力。
一看到岸边的细胞膜蹦床，列文虎克的“推理脑”就启动了。他想起细胞工厂的“外墙”也是富有弹性的膜，还不停有囊泡与它融合，释放出营养物。
细胞膜难道是流动的吗？
观察得真仔细！你发现了细胞膜的一个重要特性——流动性。
在细胞膜的外表面有一层糖蛋白，是细胞之间互相联络的关键。
目前，流动镶嵌模型是生物学家公认的细胞膜结构模型。这一模型认为，细胞膜主要由两层磷脂分子构成，其中镶嵌着许多蛋白质分子。这些磷脂分子可以快速流动，使膜像漂在水上的油一样具有流动性。
糖蛋白
哈哈哈！好玩。
磷脂分子
蛋白质分子
A
B
AB
O
我是O型血！
你知道吗？正是因为红细胞表面的糖蛋白存在差异，人们才会有不同的血型。不同血型的血液混合在一起会导致血管阻塞等严重后果。
在我的时代，医生们一直想用输血的方式救治病人，但极少有人成功，原来是因为忽略了血型的差别。
输血失败的病人一定很痛吧！

"救命啊！"培养液海上忽然传来一阵呼救声，原来是有细胞落水啦！
幸好有救生员第一时间冲过去把它捞上岸来，要不它简直要胀破了。
救命……
海水
感觉好多了。
我们在培养液海里明明一点事儿都没有，为什么它会这样？
它平时肯定住在盐分很高的海水里！为了适应环境，它的细胞质浓度变得很高。
所以它一进到盐分低的培养液海里就会因为吸水过多而膨胀，这和细胞膜的选择透过性有关。
所以盐分太多的食物吃起来会让人口渴，是因为细胞脱水了！
细胞吸水过多
水分进出细胞
达到平衡
细胞失水过多
细胞膜能对进出细胞的物质进行选择，这就是它的选择透过性。为维持细胞内外溶液浓度的平衡，当外界溶液的浓度比细胞质浓度低时，细胞会吸水膨胀；当外界溶液的浓度比细胞质浓度高时，细胞又会失水皱缩。
不同物质
进出细胞的方式
将墨水滴入清水中，很快整杯水都会变色，这种物质在溶液里从高浓度区向低浓度区迁移的现象就叫"扩散"。
水、气体和能溶于脂质的小分子能自由扩散进出细胞膜。
1 自由扩散
离子和一些较大的分子如葡萄糖等，需要膜上的载体蛋白协助它们扩散通过细胞膜。
2 协助扩散
当细胞需要将膜两侧的物质从低浓度区向高浓度区运输时，不仅需要载体蛋白的协助，还要消耗能量。
3 主动运输
终于到海岸餐厅啦！快快快，我都要饿扁了。

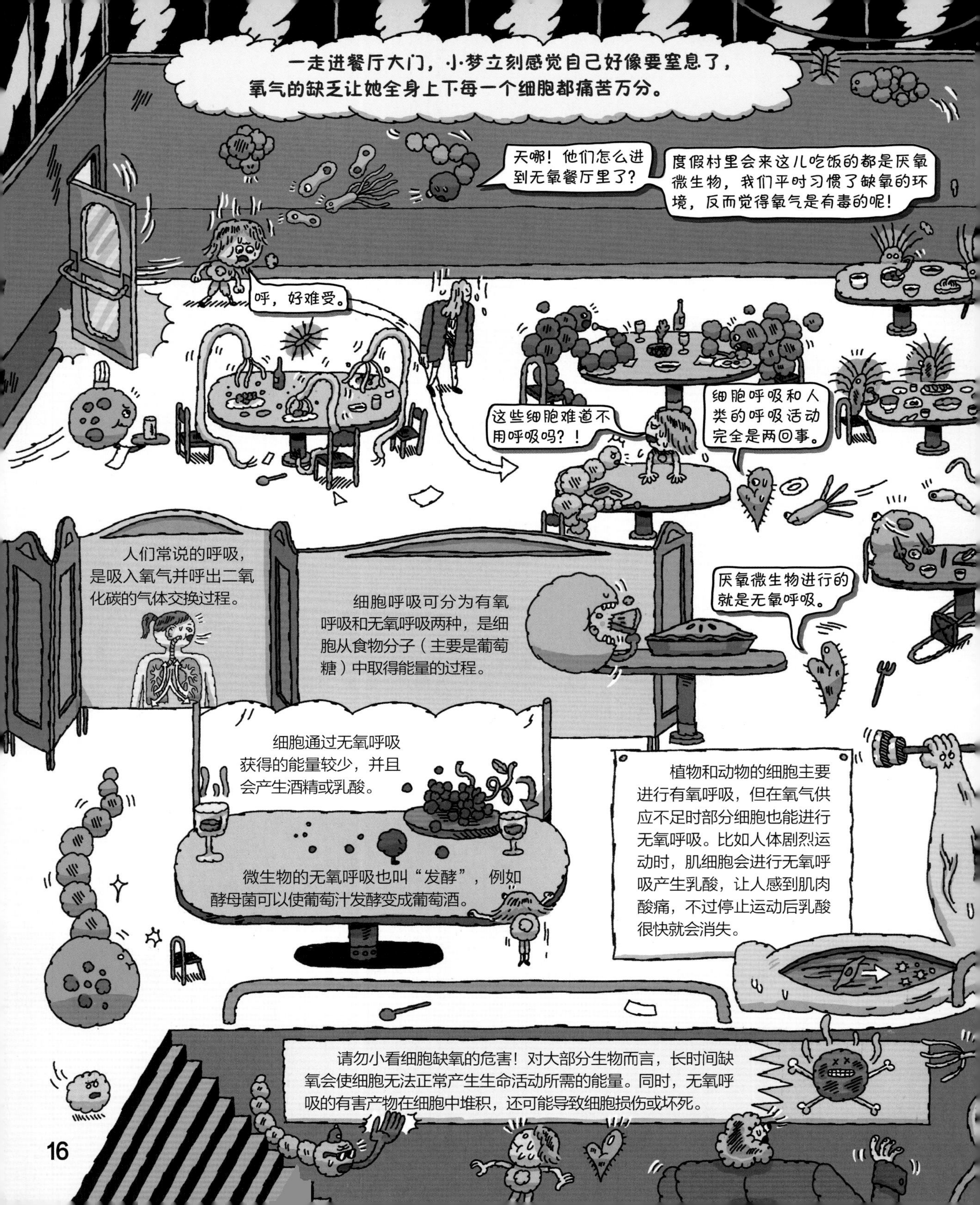

一走进餐厅大门，小梦立刻感觉自己好像要窒息了，
氧气的缺乏让她全身上下每一个细胞都痛苦万分。
天哪！他们怎么进到无氧餐厅里了？
度假村里会来这儿吃饭的都是厌氧微生物，我们平时习惯了缺氧的环境，反而觉得氧气是有毒的呢！
呼，好难受。
这些细胞难道不用呼吸吗？！
细胞呼吸和人类的呼吸活动完全是两回事。
人们常说的呼吸，是吸入氧气并呼出二氧化碳的气体交换过程。
细胞呼吸可分为有氧呼吸和无氧呼吸两种，是细胞从食物分子（主要是葡萄糖）中取得能量的过程。
厌氧微生物进行的就是无氧呼吸。
细胞通过无氧呼吸获得的能量较少，并且会产生酒精或乳酸。
植物和动物的细胞主要进行有氧呼吸，但在氧气供应不足时部分细胞也能进行无氧呼吸。比如人体剧烈运动时，肌细胞会进行无氧呼吸产生乳酸，让人感到肌肉酸痛，不过停止运动后乳酸很快就会消失。
微生物的无氧呼吸也叫“发酵”，例如酵母菌可以使葡萄汁发酵变成葡萄酒。
请勿小看细胞缺氧的危害！对大部分生物而言，长时间缺氧会使细胞无法正常产生生命活动所需的能量。同时，无氧呼吸的有害产物在细胞中堆积，还可能导致细胞损伤或坏死。

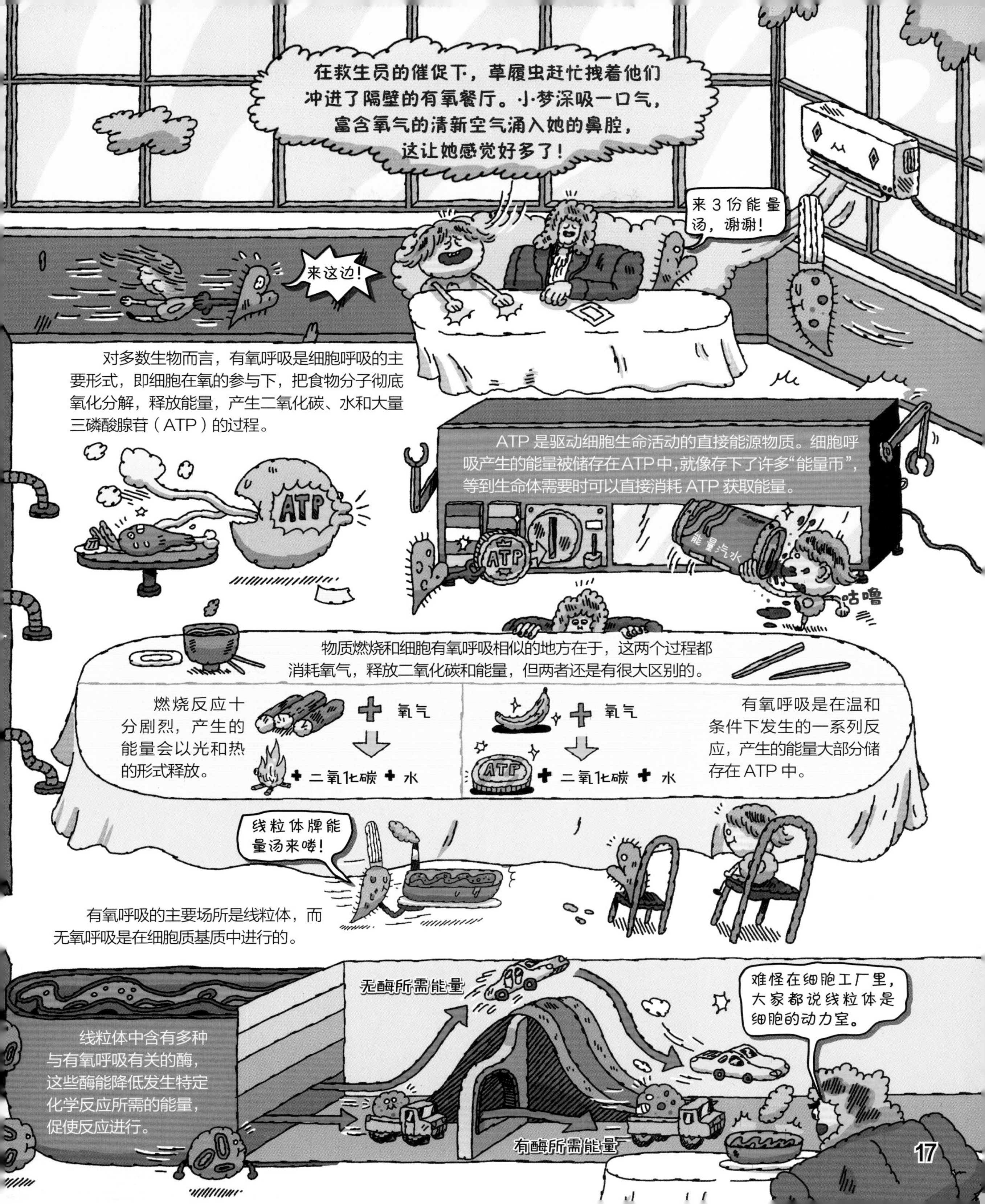
在救生员的催促下，草履虫赶忙拽着他们冲进了隔壁的有氧餐厅。小梦深吸一口气，富含氧气的清新空气涌入她的鼻腔，这让她感觉好多了！
来这边！
来3份能量汤，谢谢！
对多数生物而言，有氧呼吸是细胞呼吸的主要形式，即细胞在氧的参与下，把食物分子彻底氧化分解，释放能量，产生二氧化碳、水和大量三磷酸腺苷（ATP）的过程。
ATP
ATP是驱动细胞生命活动的直接能源物质。细胞呼吸产生的能量被储存在ATP中，就像存下了许多“能量币”，等到生命体需要时可以直接消耗ATP获取能量。
ATP
能量汽水
咕噜
物质燃烧和细胞有氧呼吸相似的地方在于，这两个过程都消耗氧气，释放二氧化碳和能量，但两者还是有很大区别的。
燃烧反应十分剧烈，产生的能量会以光和热的形式释放。
+ 氧气
+ 二氧化碳 + 水
+ 氧气
ATP + 二氧化碳 + 水
有氧呼吸是在温和条件下发生的一系列反应，产生的能量大部分储存在ATP中。
线粒体牌能量汤来喽！
有氧呼吸的主要场所是线粒体，而无氧呼吸是在细胞质基质中进行的。
线粒体中含有多种与有氧呼吸有关的酶，这些酶能降低发生特定化学反应所需的能量，促使反应进行。
无酶所需能量
有酶所需能量
难怪在细胞工厂里，大家都说线粒体是细胞的动力室。

吃饱喝足，小梦又闹着要去泡温泉。可度假村里算得上是“温泉”的，只有能把人烫掉皮的古菌池！安全起见，草履虫只好带他们去悬崖浴场了，在那里可以一边泡营养泉，一边晒太阳。
悬崖浴场的空气好清新哪！
喜欢来这儿晒太阳的大多是植物细胞，它们在进行光合作用的同时可以净化空气。
通过细胞里的叶绿体，绿色植物可以利用阳光的能量，将二氧化碳和水转化成淀粉等营养物，并且释放出氧气，这个过程就是光合作用。
植物竟然能利用空气和光获取营养？我还以为植物需要的物质全部来自土壤和水呢！
二氧化碳
氧气
1771 年，化学家普里斯特利观察到植物可以净化因蜡烛燃烧而变“污浊”的空气，使蜡烛能在密闭玻璃瓶里持续燃烧。
1779 年，在普里斯特利实验的基础上，科学家英恩豪斯发现只有植物的绿色部分受到光照时，植物才能更新“污浊”的空气。
看样子，土豆不能净化空气。
1864 年，植物学家萨克斯设计了一系列实验，他对一半遮光、一半曝光的叶片进行脱色处理，然后用碘蒸气处理这片叶子。由于碘与淀粉反应会变蓝，而叶片只有曝光的部分变成了蓝色，这证明植物光合作用的产物中有淀粉。
又过了几十年，有了更厉害的研究手段，科学家们才弄清光合作用过程中复杂的化学反应。

生命真是太不可思议了，一株小小的植物都要人类花上数百年时间才能研究明白。
泡温泉喽！
这水怎么是凉的？！说好的温泉呢？
类胡萝卜素
叶绿素
富含光合色素的特调饮品来喽！
类囊体
嗨！
基粒
其实，能进行光合作用的不止植物哟，我的朋友绿草履虫也可以。
叶羊长得真像小羊。

叶绿体是植物进行光合作用的细胞器，它一般呈扁平的椭球形，内部有许多基粒，每个基粒都由一个个圆饼状的类囊体堆叠而成。可以吸收光能的色素就分布在类囊体的薄膜上。

植物中的光合色素主要有叶绿素和类胡萝卜素，它们可以捕获和吸收太阳光，为光合作用提供能量。由于它们都极少吸收绿光，所以大部分绿光被反射出来使植物呈现绿色。

诺贝尔奖与生命科学

化学家威尔施泰特发明了萃取植物色素的方法，发现了包括叶绿素在内的多种植物色素的化学结构，因此获得 1915 年诺贝尔化学奖。

藻类大多具有叶绿体或叶绿素，能吸收水里的二氧化碳进行光合作用。

蓝细菌体内含有叶绿素，它们是地球上最早进行光合作用并释放氧气的原核生物。

一种被称作“叶羊”的海蛞蝓在进食海藻时可以“盗取”海藻里的叶绿素，将其转化到体内并用于光合作用。

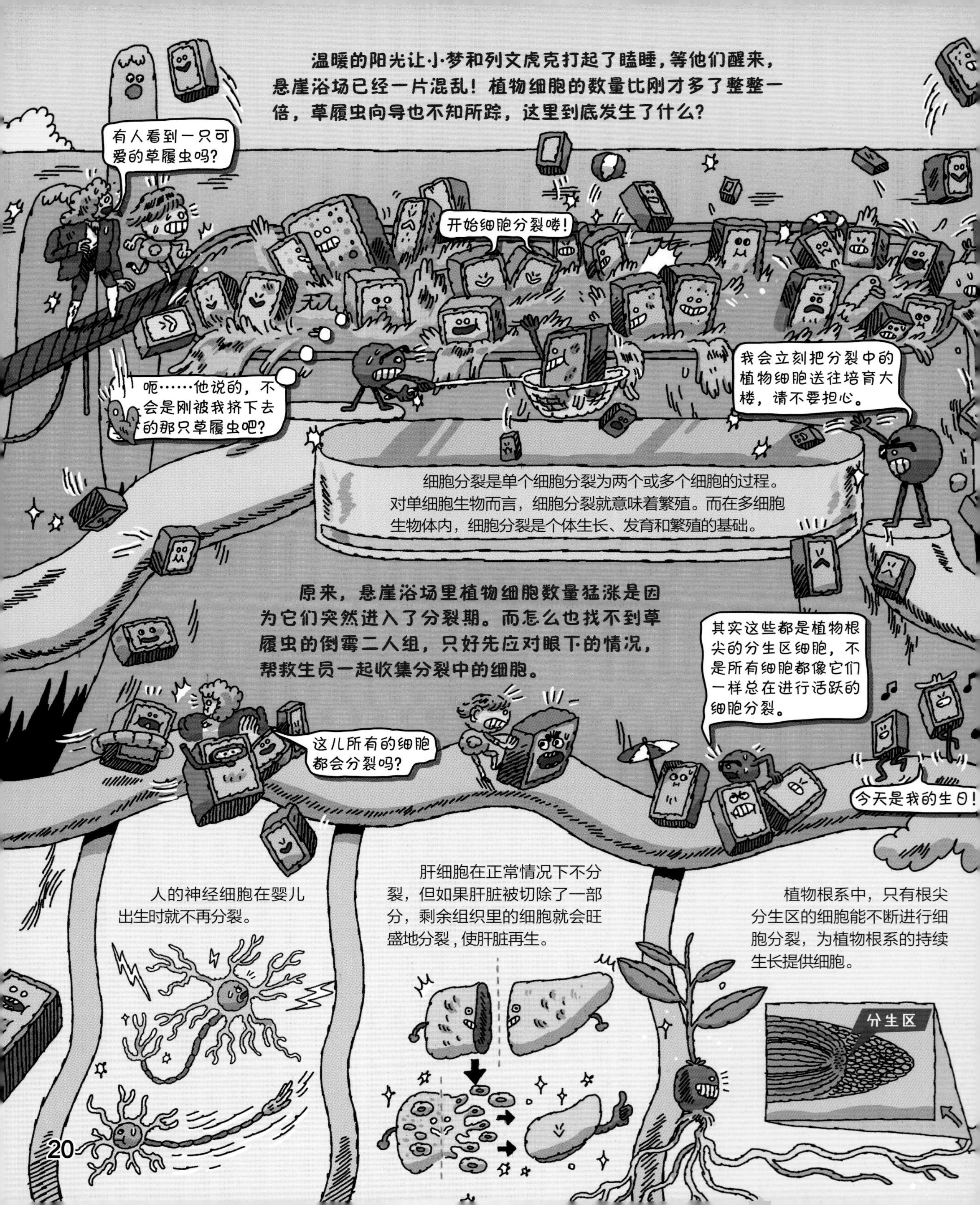

温暖的阳光让小梦和列文虎克打起了瞌睡，等他们醒来，悬崖浴场已经一片混乱！植物细胞的数量比刚才多了整整一倍，草履虫向导也不知所踪，这里到底发生了什么？
有人看到一只可爱的草履虫吗？
开始细胞分裂喽！
呃……他说的，不会是刚被我挤下去的那只草履虫吧？
我会立刻把分裂中的植物细胞送往培育大楼，请不要担心。
细胞分裂是单个细胞分裂为两个或多个细胞的过程。对单细胞生物而言，细胞分裂就意味着繁殖。而在多细胞生物体内，细胞分裂是个体生长、发育和繁殖的基础。
原来，悬崖浴场里植物细胞数量猛涨是因为它们突然进入了分裂期。而怎么也找不到草履虫的倒霉二人组，只好先应对眼下的情况，帮救生员一起收集分裂中的细胞。
其实这些都是植物根尖的分生区细胞，不是所有细胞都像它们一样总在进行活跃的细胞分裂。
这儿所有的细胞都会分裂吗？
今天是我的生日！
人的神经细胞在婴儿出生时就不再分裂。
肝细胞在正常情况下不分裂，但如果肝脏被切除了一部分，剩余组织里的细胞就会旺盛地分裂，使肝脏再生。
植物根系中，只有根尖分生区的细胞能不断进行细胞分裂，为植物根系的持续生长提供细胞。
分生区

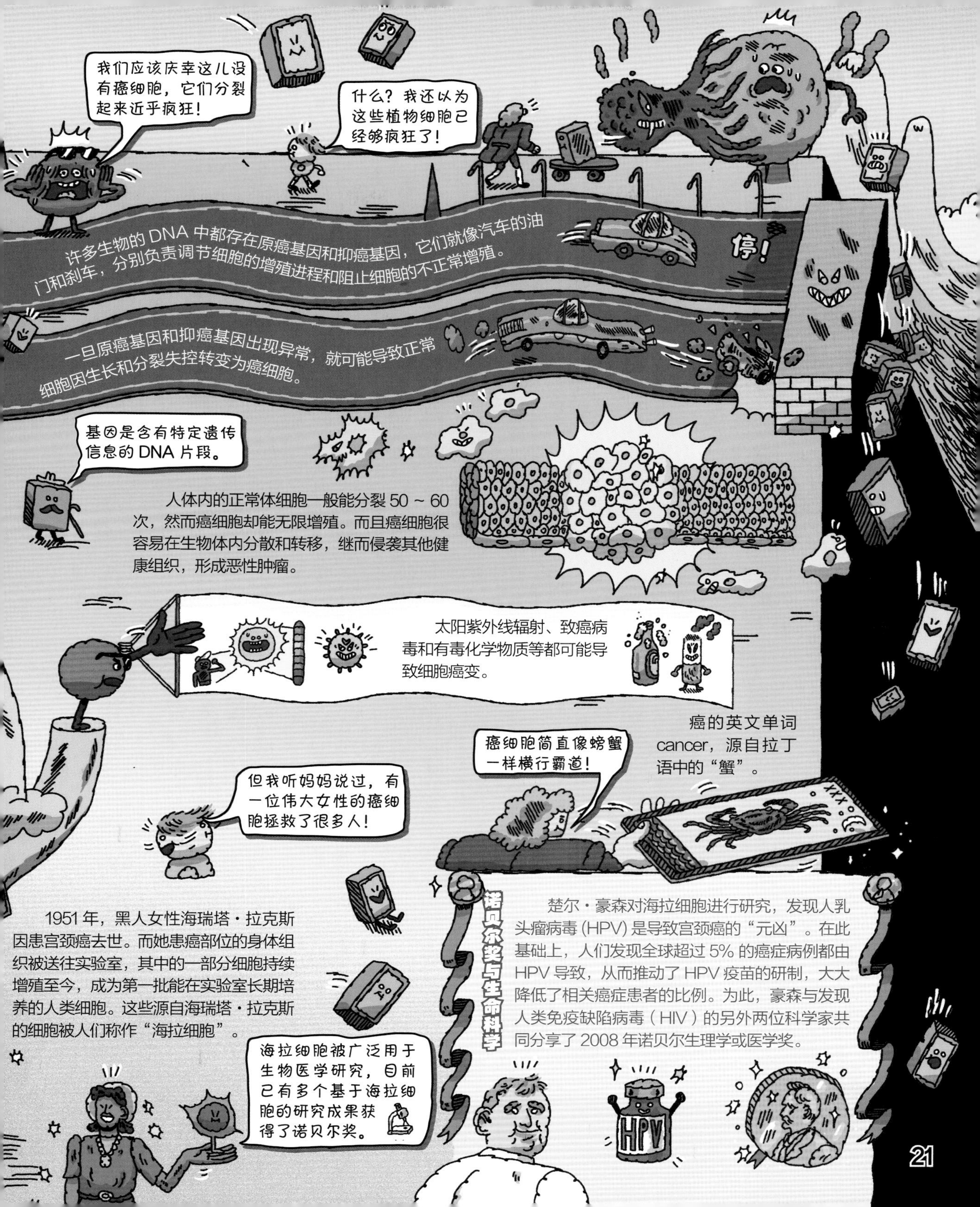

我们应该庆幸这儿没有癌细胞，它们分裂起来近乎疯狂！
什么？我还以为这些植物细胞已经够疯狂了！
停！
基因是含有特定遗传信息的DNA片段。
癌细胞简直像螃蟹一样横行霸道！
但我听妈妈说过，有一位伟大女性的癌细胞拯救了很多人！
海拉细胞被广泛用于生物医学研究，目前已有多个基于海拉细胞的研究成果获得了诺贝尔奖。
HPV

许多生物的 DNA 中都存在原癌基因和抑癌基因，它们就像汽车的油门和刹车，分别负责调节细胞的增殖进程和阻止细胞的不正常增殖。

一旦原癌基因和抑癌基因出现异常，就可能导致正常细胞因生长和分裂失控转变为癌细胞。

人体内的正常体细胞一般能分裂 50 ~ 60 次，然而癌细胞却能无限增殖。而且癌细胞很容易在生物体内分散和转移，继而侵袭其他健康组织，形成恶性肿瘤。

太阳紫外线辐射、致癌病毒和有毒化学物质等都可能导致细胞癌变。

癌的英文单词 cancer，源自拉丁语中的“蟹”。

1951 年，黑人女性海瑞塔·拉克斯因患宫颈癌去世。而她患癌部位的身体组织被送往实验室，其中的一部分细胞持续增殖至今，成为第一批能在实验室长期培养的人类细胞。这些源自海瑞塔·拉克斯的细胞被人们称作“海拉细胞”。

诺贝尔奖与生命科学

楚尔·豪森对海拉细胞进行研究，发现人乳头瘤病毒 (HPV) 是导致宫颈癌的“元凶”。在此基础上，人们发现全球超过 5% 的癌症病例都由 HPV 导致，从而推动了 HPV 疫苗的研制，大大降低了相关癌症患者的比例。为此，豪森与发现人类免疫缺陷病毒（HIV）的另外两位科学家共同分享了 2008 年诺贝尔生理学或医学奖。

听完小梦讲的故事，救生员抱着身边的细胞忍不住大哭起来，但是没想到，它怀里的细胞突然就从一个分裂成了两个！原来，还有一个分生区细胞被落在这儿了！
哦！伟大的海瑞塔·拉克斯，我会永远记得你。
请帮帮我！我得赶紧把这些新生细胞全部带去培育大楼。
包在我们身上！
培育大楼是度假村专为需要进行细胞分裂的细胞游客设立的，里面不仅配备了顶级的科研设施，还有专属培育室，能为不同的细胞提供最适宜的环境。
细胞无丝分裂是指细胞核和细胞质一分为二，直接形成两个子细胞的过程。
有丝分裂是真核细胞分裂的主要方式，因分裂过程中出现了染色体和纺锤丝而得名。
它们进行的是有丝分裂，跟我走这边。
无丝分裂
减数分裂是一种特殊方
的有丝分裂，是进行有性生
的生物形成生殖细胞时，细
染色体数目减少一半的过程。
有丝分裂
减数分裂

终于把所有分裂中的细胞都送到了培育室，小梦和列文虎克兴奋地趴在玻璃上观察起来。
细胞在分裂之前要进行一定的物质准备，并在细胞核内完成 DNA 的复制。这个过程称为分裂间期，占细胞分裂周期超过 90% 的时间。
哇！
嗨，你怎么突然停止分裂了？
呃……因为这会儿是分裂间期。
分裂间期
分裂期
我要分裂啦！
1 在细胞有丝分裂开始的前期，细胞核里的染色质会变成丝状，并缠绕、变粗成为染色体，随后细胞核逐渐消失。细胞两极还会发出许多纺锤丝。
染色质丝
染色体
2 有丝分裂中期，纺锤丝牵引着染色体运动，使它们排列在细胞中央的一个平面上。
原来染色质和染色体是同一种东西呀！
3 有丝分裂后期，染色体从中间分开，形成形态和数目完全相同的两组子染色体，并由纺锤丝牵引着分别向细胞两极移动。DNA 随着染色体被平均分配到两个子细胞中。
4 有丝分裂末期，细胞两极的染色体逐渐变成染色质丝，并被新的核膜包围起来，形成两个细胞核。同时，新的细胞壁逐渐在细胞中央形成。
5 最后，一个细胞分裂成两个子细胞。大多数子细胞还会进入分裂间期，为下次分裂做准备。
细胞就这样不停复制，然后就长成一株完整的植物了吗？
呃……这个问题……
对了！我还有事要忙，我得赶紧去找失踪的草履虫！

细胞救生员居然就这么丢下他们自己跑了，这让小梦非常不满，她正想拉上列文虎克去把它追回来就被神经细胞叫住了。
哼，答不上就直说嘛！
你们好，我是这儿的细胞研究员。关于细胞怎么长成植物的问题，我可以解答！不过我想知道，你们会踢足球吗？
这和足球有什么关系？
神经细胞告诉他们，一株植物的成长不仅依赖细胞数量的增加，还需要细胞具备不同的结构和功能。就像足球队里只有守门员是不够的，只有专长不同的队员一起努力才能赢得比赛。
细胞分裂后，子代细胞发展出不同形态、结构和功能的现象被称为“细胞分化”。分化后的细胞可以构成不同的组织和器官，是生物体正常发育的关键。
我只会打冰球，行吗？
谁来踢球呀？
胜利属于我们！
可刚刚不是说，细胞有丝分裂后DNA被平均分给子细胞了吗？既然拥有同样的遗传信息，细胞怎么会分化呢？
哈哈，你们还记得在细胞工厂里，DNA是怎么指导蛋白质合成的吗？
假设有4个细胞拥有完全相同的遗传信息，它们的DNA中都包含A、B、C、D这4个片段，而这些片段又分别决定了细胞的4种不同外形。
A B C D
当这4个细胞选择不同的DNA片段来指导蛋白质合成时，它们的外形就会发生变化。这就是遗传信息的选择性表达，细胞分化是在这个过程中逐渐发生的。
A
B
C
D
哎哟！

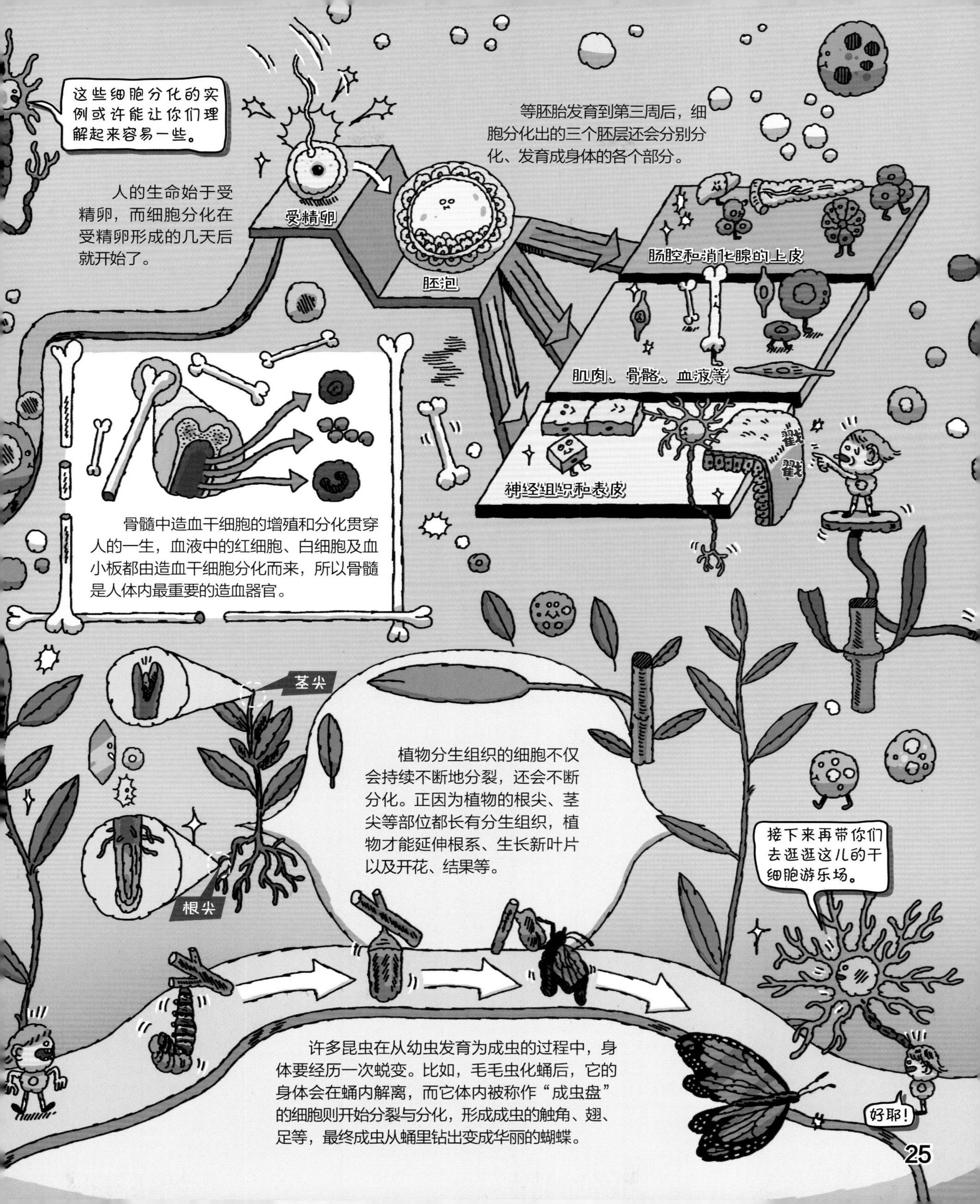
这些细胞分化的实例或许能让你们理解起来容易一些。
人的生命始于受精卵，而细胞分化在受精卵形成的几天后就开始了。
受精卵
胚泡
等胚胎发育到第三周后，细胞分化出的三个胚层还会分别分化、发育成身体的各个部分。
肠腔和消化腺的上皮
肌肉、骨骼、血液等
神经组织和表皮
戳戳
骨髓中造血干细胞的增殖和分化贯穿人的一生，血液中的红细胞、白细胞及血小板都由造血干细胞分化而来，所以骨髓是人体内最重要的造血器官。
茎尖
根尖
植物分生组织的细胞不仅会持续不断地分裂，还会不断分化。正因为植物的根尖、茎尖等部位都长有分生组织，植物才能延伸根系、生长新叶片以及开花、结果等。
接下来再带你们去逛逛这儿的干细胞游乐场。
许多昆虫在从幼虫发育为成虫的过程中，身体要经历一次蜕变。比如，毛毛虫化蛹后，它的身体会在蛹内解离，而它体内被称作“成虫盘”的细胞则开始分裂与分化，形成成虫的触角、翅、足等，最终成虫从蛹里钻出变成华丽的蝴蝶。
好耶！

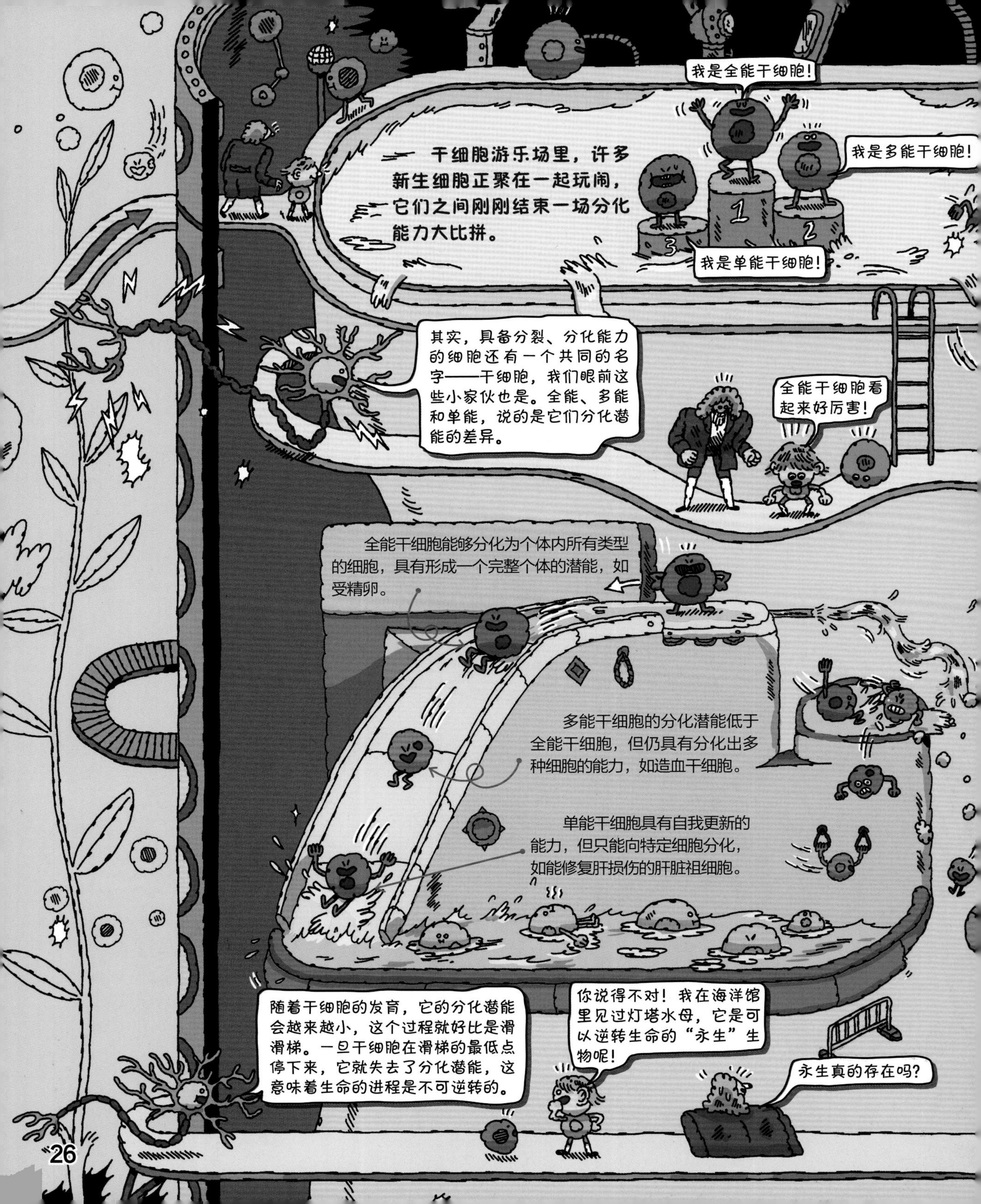
干细胞游乐场里，许多新生细胞正聚在一起玩闹，它们之间刚刚结束一场分化能力大比拼。
我是全能干细胞！
我是多能干细胞！
我是单能干细胞！
1
2
3
其实，具备分裂、分化能力的细胞还有一个共同的名字——干细胞，我们眼前这些小家伙也是。全能、多能和单能，说的是它们分化潜能的差异。
全能干细胞看起来好厉害！
全能干细胞能够分化为个体内所有类型的细胞，具有形成一个完整个体的潜能，如受精卵。
多能干细胞的分化潜能低于全能干细胞，但仍具有分化出多种细胞的能力，如造血干细胞。
单能干细胞具有自我更新的能力，但只能向特定细胞分化，如能修复肝损伤的肝脏祖细胞。
随着干细胞的发育，它的分化潜能会越来越小，这个过程就好比是滑滑梯。一旦干细胞在滑梯的最低点停下来，它就失去了分化潜能，这意味着生命的进程是不可逆转的。
你说得不对！我在海洋馆里见过灯塔水母，它是可以逆转生命的“永生”生物呢！
永生真的存在吗？

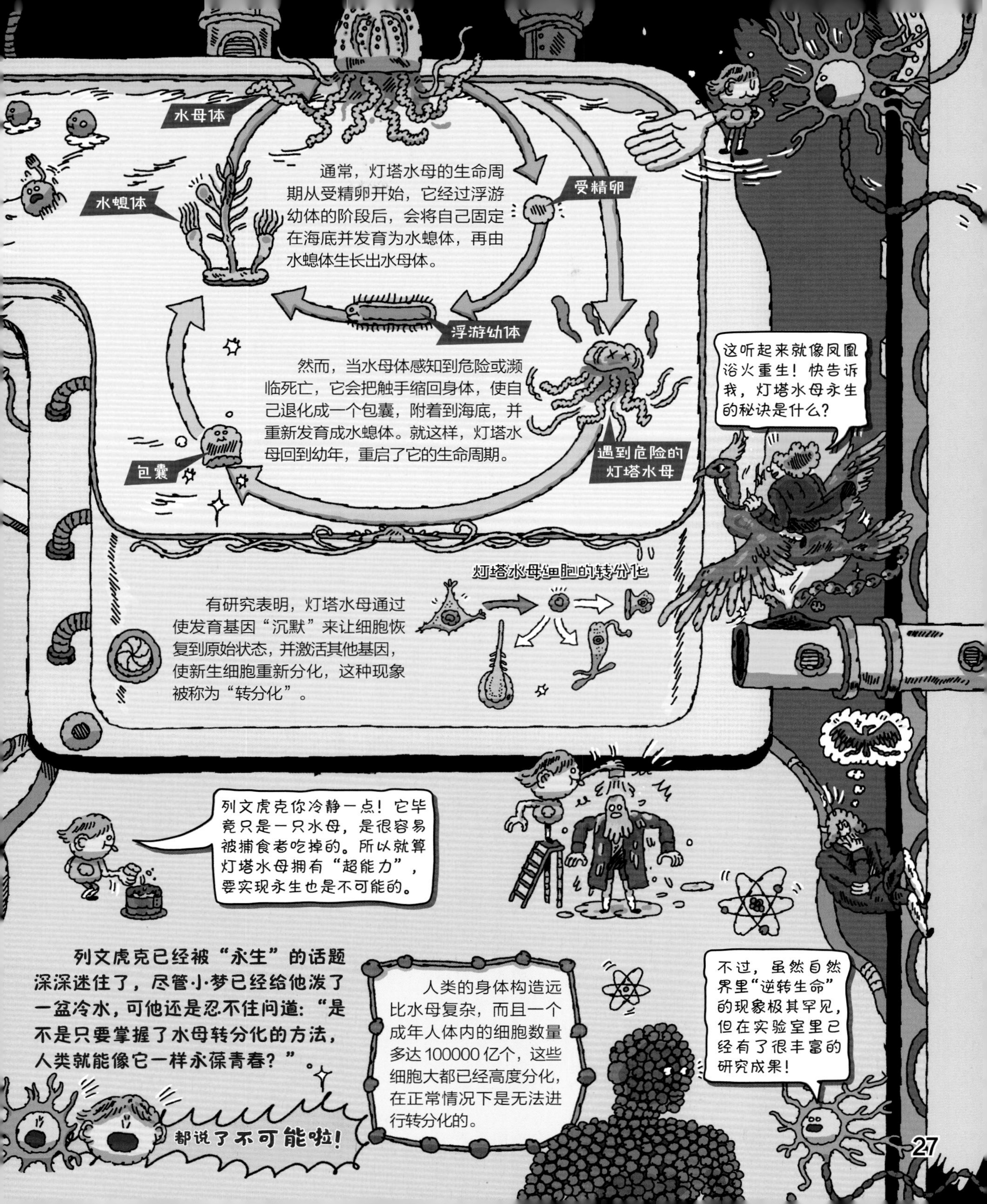
水母体
水螅体
受精卵
浮游幼体
包囊
遇到危险的
灯塔水母
通常，灯塔水母的生命周期从受精卵开始，它经过浮游幼体的阶段后，会将自己固定在海底并发育为水螅体，再由水螅体生长出水母体。
然而，当水母体感知到危险或濒临死亡，它会把触手缩回身体，使自己退化成一个包囊，附着到海底，并重新发育成水螅体。就这样，灯塔水母回到幼年，重启了它的生命周期。
这听起来就像凤凰浴火重生！快告诉我，灯塔水母永生的秘诀是什么？
灯塔水母细胞的转分化
有研究表明，灯塔水母通过使发育基因“沉默”来让细胞恢复到原始状态，并激活其他基因，使新生细胞重新分化，这种现象被称为“转分化”。
列文虎克你冷静一点！它毕竟只是一只水母，是很容易被捕食者吃掉的。所以就算灯塔水母拥有“超能力”，要实现永生也是不可能的。
列文虎克已经被“永生”的话题深深迷住了，尽管小梦已经给他泼了一盆冷水，可他还是忍不住问道：“是不是只要掌握了水母转分化的方法，人类就能像它一样永葆青春？”
都说了不可能啦！
人类的身体构造远比水母复杂，而且一个成年人体内的细胞数量多达 100000 亿个，这些细胞大都已经高度分化，在正常情况下是无法进行转分化的。
不过，虽然自然界里“逆转生命”的现象极其罕见，但在实验室里已经有了很丰富的研究成果！

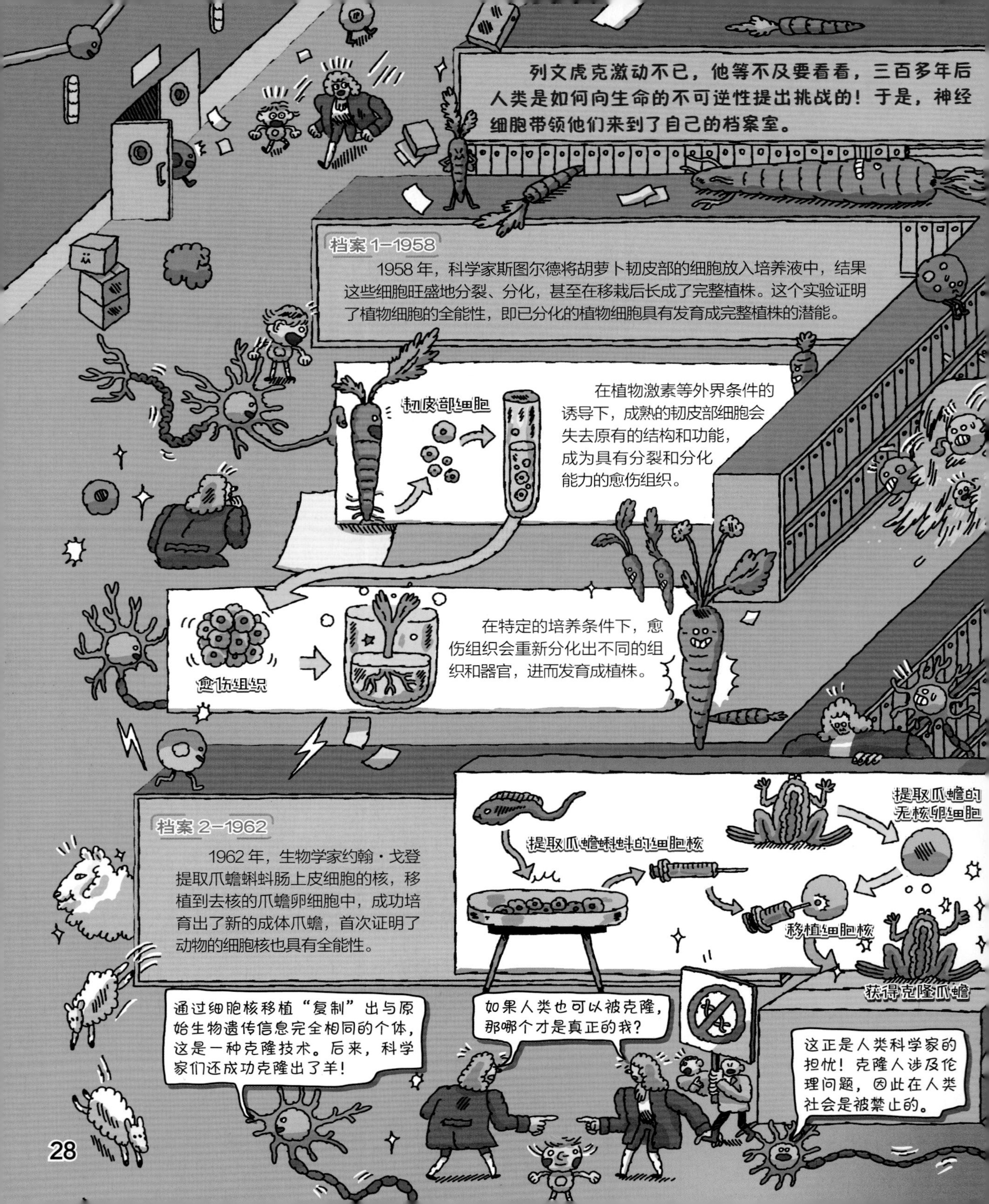

列文虎克激动不已，他等不及要看看，三百多年后人类是如何向生命的不可逆性提出挑战的！于是，神经细胞带领他们来到了自己的档案室。
档案 1—1958
1958 年，科学家斯图尔德将胡萝卜韧皮部的细胞放入培养液中，结果这些细胞旺盛地分裂、分化，甚至在移栽后长成了完整植株。这个实验证明了植物细胞的全能性，即已分化的植物细胞具有发育成完整植株的潜能。
韧皮部细胞
在植物激素等外界条件的诱导下，成熟的韧皮部细胞会失去原有的结构和功能，成为具有分裂和分化能力的愈伤组织。
愈伤组织
在特定的培养条件下，愈伤组织会重新分化出不同的组织和器官，进而发育成植株。
档案 2—1962
1962 年，生物学家约翰·戈登提取爪蟾蝌蚪肠上皮细胞的核，移植到去核的爪蟾卵细胞中，成功培育出了新的成体爪蟾，首次证明了动物的细胞核也具有全能性。
提取爪蟾蝌蚪的细胞核
提取爪蟾的无核卵细胞
移植细胞核
获得克隆爪蟾
通过细胞核移植“复制”出与原始生物遗传信息完全相同的个体，这是一种克隆技术。后来，科学家们还成功克隆出了羊！
如果人类也可以被克隆，那哪个才是真正的我？
这正是人类科学家的担忧！克隆人涉及伦理问题，因此在人类社会是被禁止的。

后来，科学家们又获得了一个重要的研究工具——胚胎干细胞。
档案 3–1998
胚胎干细胞是从哺乳动物早期胚胎中分离出来，并且可以在体外培养的多能干细胞。第一株人类胚胎干细胞系，是1998 年由汤姆森等科学家通过对人类受精卵进行体外培育获得的。
内细胞团
受精卵
胚泡
胚胎干细胞
汤姆森等人将人类受精卵培育成胚泡后，从中分离出一团被称作“内细胞团”的多能干细胞，随后对其进行体外培育，得到的胚胎干细胞既能长期增殖，又能稳定分化成多种细胞。
档案 4–2006
2006 年，山中伸弥等科学家对胚胎干细胞的基因进行筛选，最终确定了 4 个能诱导成熟细胞转变为干细胞的关键因子，并借助它们成功将小鼠的皮肤细胞转化到干细胞状态，这一技术被命名为“细胞核重编程”。
干细胞
皮肤细胞
诺贝尔奖与生命科学
约翰·戈登与山中伸弥的发现革新了人们对细胞和生物体发育的理解，他们于 2012 年共同获得诺贝尔生理学或医学奖。
看到这里，神经细胞又找到了一盘放映带，人类使用这些生物技术实现的生命奇迹在他们眼前缓缓划过……
通过培养植物组织可以快速繁殖花卉、蔬菜等作物。
克隆技术可用于生产药物或用于拯救濒危物种。
人工获得的干细胞可用于为患者修复损伤机体、治疗疾病，或用于药物筛选，提高新药研发的成功率。

说不定，人类未来真能实现逆转生命的奇迹呢！
不过你们得明白，生长和衰老、出生和死亡都是生物界的正常现象。
说着说着，神经细胞感觉自己突然干瘪了许多，它不知从哪儿掏出一个助行架，颤颤巍巍地继续向前走。
在大多数细胞的生命周期里，衰老是不可避免的。
细胞衰老的原因
外界的不利环境或化学物质等损害细胞结构或DNA。
特定基因的开启或关闭使细胞衰老。
随细胞分裂次数增加，染色体末端的端粒不断缩短，最终导致染色体受损。
端粒
细胞衰老的特征
细胞内水分减少，细胞萎缩。
细胞内多种酶的活性降低。
细胞内色素积累，妨碍物质的交流和传递。
细胞核体积增大，核膜内折，染色质收缩。
细胞膜通透性改变，导致物质运输功能降低。
细胞衰老的结果
发根的黑色素细胞衰老使头发变白。
骨细胞衰老导致骨质疏松。
细胞普遍衰老将最终导致个体的衰老。
端粒看起来像是铅笔后面的那块橡皮。
实际上端粒更像一个帽子，一个保护染色体不被降解的保护帽。
诺贝尔奖与生命科学
2009年诺贝尔生理学或医学奖授予伊丽莎白·布莱克本、卡萝尔·格雷德和杰克·绍斯塔克。他们不仅发现端粒能保护染色体，还找到了促进端粒合成的端粒酶，当端粒酶的活性足以维护端粒长度时，细胞将会延迟衰老。

虽说人的衰老与细胞的衰老密切相关，但年轻人身体里其实也有细胞衰老和死亡。
为什么细胞大量死亡的情况下，人还能保持健康呢？
因为这些细胞大多是凋亡而不是坏死的。
有科学家发现，一个体重 70 千克，身高 170 厘米的成年男性，每天大约要更新 3300 亿个细胞！也就是说，在一秒钟里，人体内就有 380 万个细胞被替换掉了。
细胞坏死是细胞受到环境因素的伤害而死亡的现象。
跑步摔倒时皮肤细胞会因挫伤而坏死。
细胞凋亡是细胞自动结束生命的过程。这个过程由基因决定，对生物体维持正常发育以及内部环境的稳定等起到关键作用。
在发育早期，人类胎儿的手像个小团子，随着指间细胞自动凋亡，手指才慢慢成形。
如果没有细胞凋亡，我的手就要变成包子啦！
你的尾巴也是在这个过程中消失的哟！
细胞坏死的过程
细胞坏死时，其外形会发生不规则变化,同时细胞器肿胀。
随后细胞膜破裂，细胞内容物外泄，容易引起周围组织的炎症反应。
细胞凋亡的过程
细胞凋亡时会自行分解成许多凋亡小体，而细胞膜不会破裂。
凋亡小体可能被其他细胞吞噬，也可能自然脱落离开生物体。

神经细胞告诉他们，在健康生物体内，细胞的增殖和凋亡总处于动态平衡状态，如果这种平衡被破坏，人就可能患病。
列文虎克好像突然明白了什么，惊呼道："我身体的一部分每分每秒都在凋亡，可我依然活着……原来生命本身就是奇迹！"
不知怎的，神经细胞突然没了精神，它拖着疲惫的声音请求小梦和列文虎克陪它看一次日出。在海滩上，神经细胞几乎用最后的力气给他们讲了一个关于"鲸落"的故事。
真希望能为你做点什么！如果我能像未来的科学家一样厉害就好了。
远处的天空泛起了晨曦，小梦抹掉眼泪，静静地看温暖的橘红色光芒从海平线上升起……
谢谢你们，我并不惧怕死亡，这也是我生命的一种状态。你们能为我做的，就是善待身体里的细胞，保持健康的生活方式和愉快的心情！

你总算明白了！生命和死亡很像每天的日出与日落。
不论是从生物体还是整个自然界的角度来看，它们都相互依存，构成一个永恒的循环。
在茫茫大海里，当一头死去的鲸落入深海，许多深海生物都会被吸引过去。
这些深海生物会以死去的鲸为食，在它的身体里安家、繁衍，形成繁盛的生物群落，这就是“一鲸落，万物生”。
突然，时间仿佛静止了，小梦的一个喷嚏竟然直接把她送回了现实世界……
阿嚏！
小梦，你怎么总在关键时候睡着？烤肉派对都结束了。
哦，这讨厌的喷嚏。我正在陪我的朋友看日出呢！
看来你做了一个很棒的梦。
“不！那不是一个简简单单的梦……”小梦手舞足蹈地讲起她在细胞世界里的奇妙经历，仿佛她已经在那里生活了很久很久。
列文虎克的确观察过牙垢，不过那牙垢来自两位从不清洁牙齿的老人。
爸爸，你肯定想不到列文虎克是一个多么有趣的生物神探！
他就像发现新大陆的哥伦布一样，率先发现了一个全新的、梦幻般的微小世界，深深震撼了当时的欧洲人。
在真实的历史中，列文虎克从 1673 年开始给英国皇家学会写信，描述了他用显微镜观察到的微生物和细胞。
后来，列文虎克被选为英国皇家学会的正式会员，并坚持用显微镜观察世界直到老年。

草履虫也"脱发"

生命与死亡，这真是一个值得深思的话题。不过话说回来，我们的旅游向导草履虫后来怎么样了？

它不是从悬崖上掉下去了吗？

是的，我亲眼看见了！它的每根纤毛都在说"救救我""我好害怕"……
你可少说两句吧，我就是被你和你的兄弟姐妹们给挤下去的。

看，我们的草履虫朋友平安归来了！不过它怎么看起来光秃秃的？难不成草履虫也受脱发困扰？

你的纤毛怎么都掉光了？

唉，我掉进无氧餐厅后院的酒缸里了。

里面的酒精对我来说有毒，要不是碰巧有巡逻的救生员把我救了出来，我早没命了！

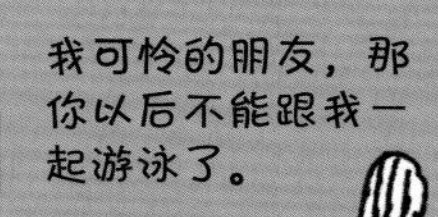

我可怜的朋友，那你以后不能跟我一起游泳了。

其实，草履虫还没"秃"的时候是实打实的游泳健将，只要摆动全身的纤毛，并相应地旋转身体，它就能在水里迅速游动，甚至可以灵活改变路线来避险。

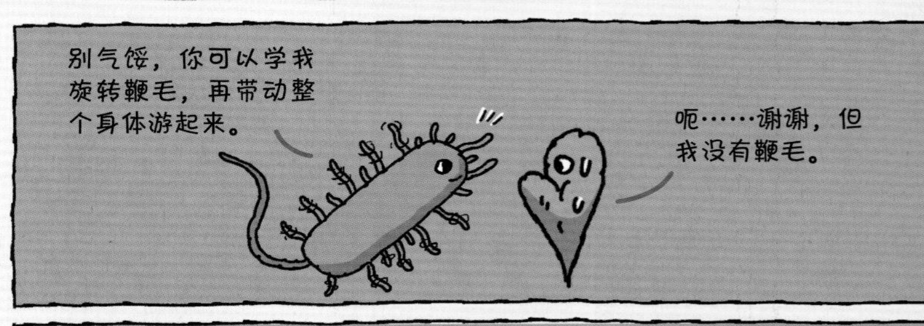

别气馁，你可以学我旋转鞭毛，再带动整个身体游起来。
呃……谢谢，但我没有鞭毛。

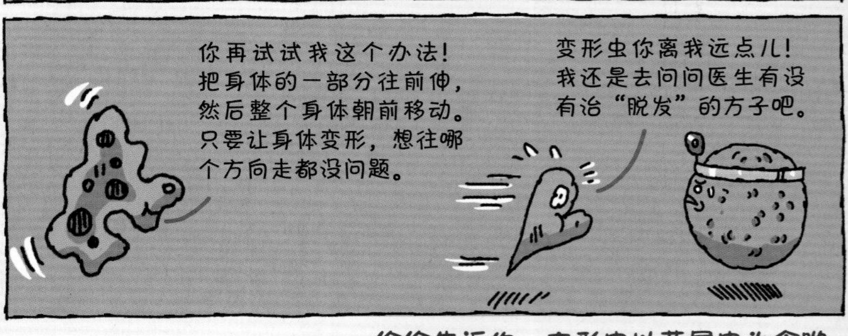

你再试试我这个办法！把身体的一部分往前伸，然后整个身体朝前移动。只要让身体变形，想往哪个方向走都没问题。
变形虫你离我远点儿！我还是去问问医生有没有治"脱发"的方子吧。

偷偷告诉你，变形虫以草履虫为食哟。

细胞是什么

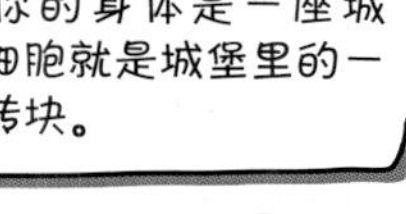

想象你的身体是一座城堡，细胞就是城堡里的一个个砖块。

细胞膜

细胞膜是细胞的边界，负责将细胞与外界环境隔开，控制物质进出细胞及细胞间的交流和协作。

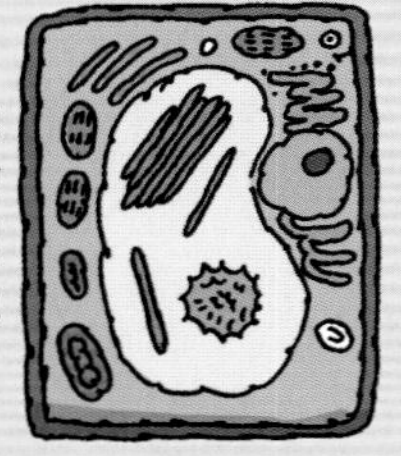

细胞核

细胞核贮存了细胞绝大部分的遗传信息，是细胞代谢和遗传的控制中心。科学家根据细胞有无以核膜为界限的细胞核，把细胞分为真核细胞和原核细胞。

细胞的结构

细胞器

细胞内部的叶绿体、线粒体、内质网、高尔基体、溶酶体等，统称为细胞器，它们在细胞的生命活动中分别承担不同功能。

细胞

细胞是生物体结构和功能的基本单位。

物质怎样进出细胞

细胞膜的结构

细胞膜主要由两层磷脂分子构成，其中镶嵌着许多蛋白质分子。这样的结构，使得细胞膜具有流动性和选择透过性。

物质通过细胞膜的方式

物质从高浓度区向低浓度区通过细胞膜为被动运输，包括自由扩散与协助扩散两种；反之则是主动运输，这个过程需要消耗能量。

细胞的能量来源

细胞呼吸

细胞呼吸分为有氧呼吸和无氧呼吸两种，是细胞从营养物中获取能量的过程。

光合作用

植物利用光能将二氧化碳和水转化为有机营养物，同时释放出氧气的过程即光合作用。

细胞的生命历程

细胞增殖

细胞通过分裂的方式进行增殖，其中真核细胞分裂的方式有 3 种：有丝分裂、无丝分裂和减数分裂。

细胞分化

在生物体发育的过程中，细胞增殖产生的后代可能逐渐向着不同的结构和功能转变，这个过程即细胞分化。细胞分化是生物发育的基础，而具有分化潜能的细胞就是干细胞。

细胞衰老与凋亡

在多细胞生物体内，细胞的衰老与凋亡不断发生，且受到基因的调控，是维持生物体健康发育的正常现象。

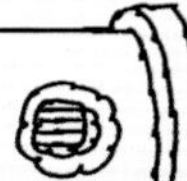

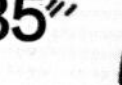

锁定蛛丝马迹，放大，再放大

不论是鸵鸟蛋、鸡蛋还是鹌鹑蛋，蛋黄在未受精前其实就是一个卵细胞。

要用肉眼观察到细胞其实并不难，鸵鸟蛋的蛋黄就是世界上最大的动物细胞。但要探索微观世界的奥秘，我们就要像侦探追踪线索一样用好手里的神兵利器——显微镜，“无限”放大蛛丝马迹，从而发现隐藏其中的新世界！

试试先从水滴开始观察吧！只要不用太纯净的水，你就不会失望的。
下次还可以观察叶子、蚂蚁、盐、沙子和花粉！

看见微观世界

蚊子的翅

将蚊子的翅放在显微镜下观察，放大100倍时就能看到每条翅脉上都有两列细窄的鳞片。

让我们从数百倍到数千倍，放大，再放大！

头发上的毛鳞片

将一根头发放大600倍，可以看到上面层叠交错的毛鳞片。这些毛鳞片平整地叠在一起时，头发看起来是光滑的；当毛鳞片损伤或翘起来时，头发则会显得粗糙。

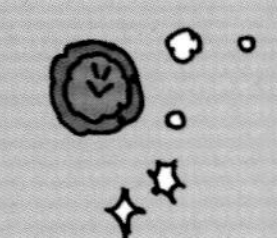

雏菊的花粉细小如尘埃，只有将它置于显微镜下放大上千倍后，花粉表面的刺突才能显现出来。这种带刺的形态可以让花粉粒沾到传粉者身上。

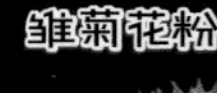

雏菊花粉

1 准备实验材料

收集雨水或花盆里的积水，准备洁净的载玻片、盖玻片、滴管、镊子以及棉花纤维。

2 制备样本

用滴管将待观察的液体滴到载玻片上。为了避免水中的微生物“跑”得太快以至于难以观察，可以在水中放几丝棉花纤维。然后用镊子轻轻夹住盖玻片，让盖玻片一端接触到液体后再缓慢放平。由于盖玻片薄且易碎，这一步一定要小心哟！

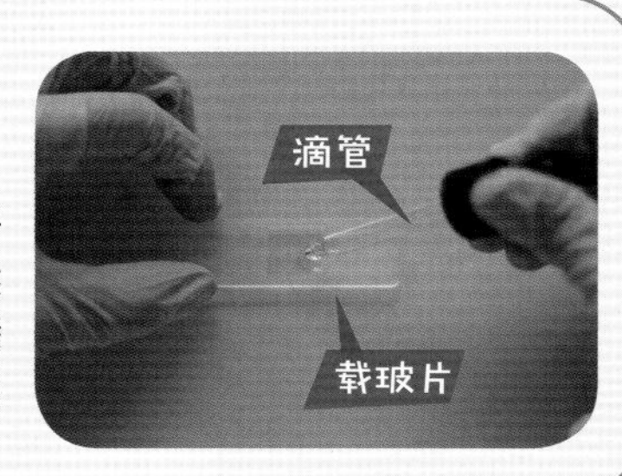

3 调节显微镜

让放大倍数最小的物镜对准载物台上的通光孔。升降载物台到距离物镜底部约 1 厘米的位置，然后将样本固定在压片夹下。转动调焦旋钮，让物镜缓缓接近样本，但注意一定不要让物镜碰到盖玻片。

4 观察样本

透过目镜观察样本，同时缓慢调节旋钮直到物像变得清晰。如果发现了想要观察的微生物，可以再次转动转换器，用放大倍数更高的物镜来观察。

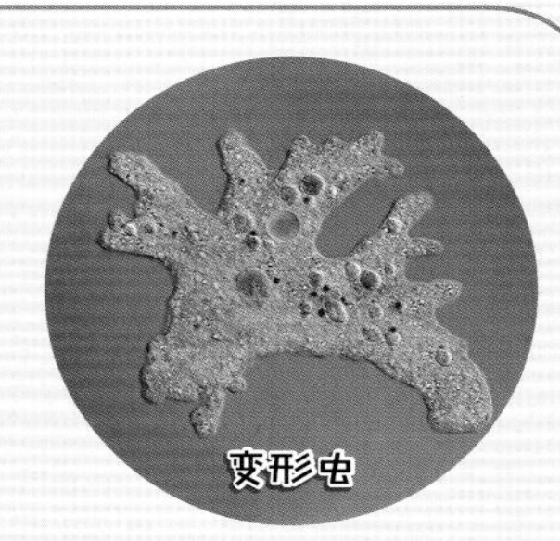
变形虫

小梦的观察笔记

时间：2023 年 10 月 24 日
地点：树屋实验室
观察对象：池塘里的水
目镜放大倍数：10 ×
物镜放大倍数：60 ×

我在水滴里发现了好几只变形虫，它们的身体可以任意伸缩、变化。有一只变形虫体内有它吃掉的绿藻，还有一只变形虫正在吞噬草履虫！

壁虎的脚趾没有黏性，可它却能在墙壁甚至天花板上轻松地爬行，这是为什么呢？通过显微镜，可以观察到壁虎脚趾上密集的刚毛，每根刚毛末端又分出数百个细丝，正是这种精细结构所产生的强大吸附力让壁虎能够“飞檐走壁”。

壁虎脚趾上的细丝

哇！改变世界的细胞工程

我们已经在神经细胞的档案室里了解了细胞工程技术的发展过程。简单来说，细胞工程就是通过改造细胞来改变生物体的技术，它为医学、食品和环境等领域带来了崭新的突破，并且不断引领我们前往充满无限可能的未来。

细胞培养技术是在生物体外人工培养细胞、组织或器官的技术，也是细胞工程的基本技术。贴壁培养和悬浮培养是细胞培养最常用的两种方法，即让细胞依附着特定容器的内壁生长或悬浮在培养液中生长。

随着技术的进步，细胞培养已经发展到可以让细胞在人工创造的三维（3D）空间结构里生长了，这样的 3D 空间能为细胞提供更加接近生物体内部的条件。2023 年，有研究团队运用干细胞 3D 培养技术，成功在体外模拟了人类早期胚胎的发育过程。

借助细胞培养技术和 3D 打印技术的结合，生物 3D 打印技术应运而生。未来，科学家可以用细胞、生物材料，以及能促进细胞存活的生长因子制造生物墨水，并进一步打印、培养出皮肤、神经、肌肉、血管等组织或器官，将它们应用于医疗或医学研究。

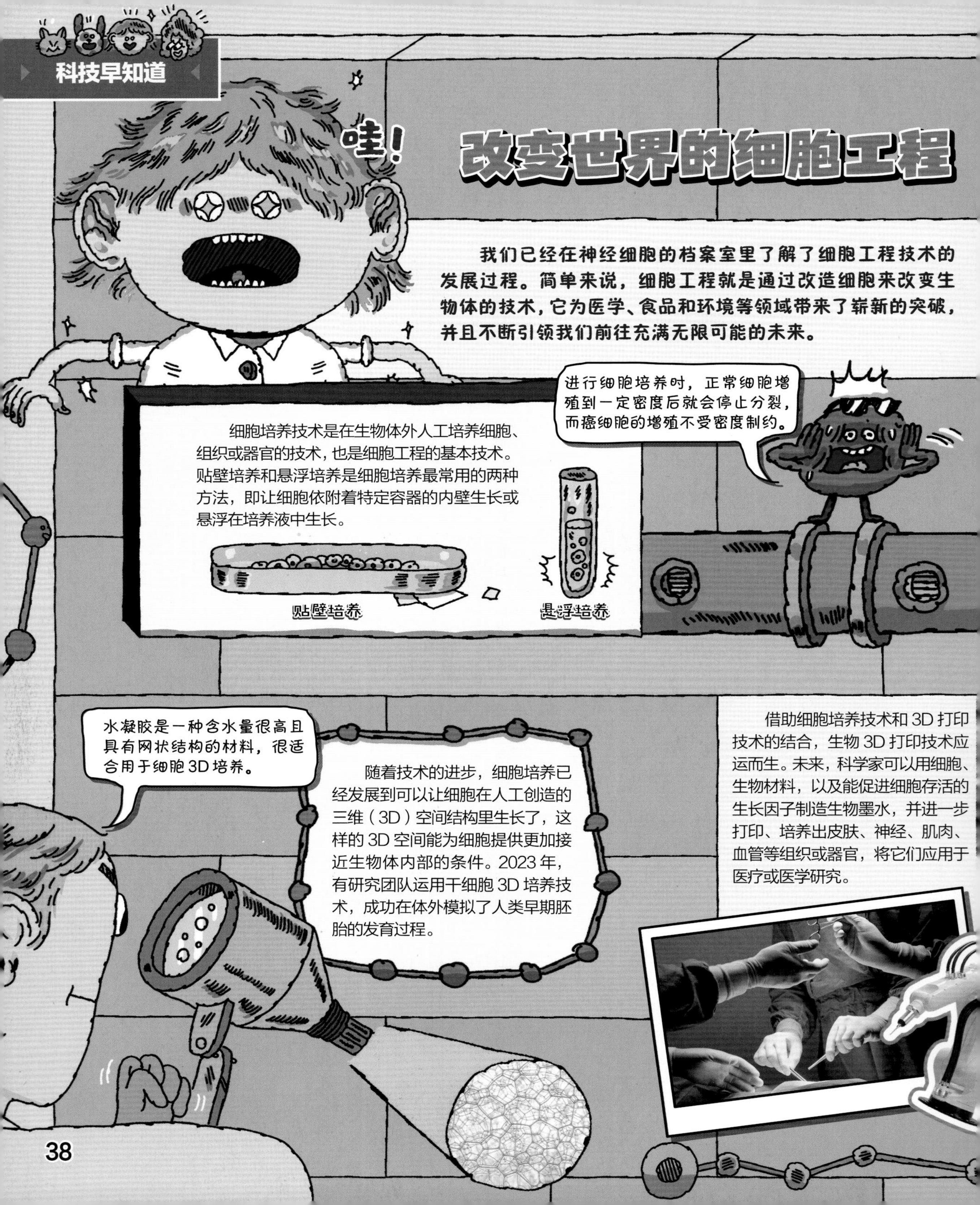

进行细胞培养时，正常细胞增殖到一定密度后就会停止分裂，而癌细胞的增殖不受密度制约。
贴壁培养
悬浮培养
水凝胶是一种含水量很高且具有网状结构的材料，很适合用于细胞 3D 培养。

细胞融合是细胞工程的核心技术之一，它通过生物、化学或物理方法将不同的细胞融合在一起。依靠细胞核移植实现的克隆技术也是一种细胞融合技术。在过去的几十年里，鱼、绵羊、老鼠、猫等各种克隆动物相继出现，标志着克隆技术日趋成熟。

通常，要培育出高产的奶牛品种需要 8~10 年，而克隆技术可以大大缩短培育时间。2023 年，中国科学家就利用良种奶牛的体细胞，成功繁育了 3 头克隆牛，这有助于推动畜牧业的发展。

生产单克隆抗体是细胞融合技术的另一个重要应用。生物学家提取小鼠的骨髓瘤细胞，以及对特定疾病免疫的小鼠的脾脏细胞，并使其融合形成杂交瘤细胞。这种细胞既能像瘤细胞一样无限增殖，又能分泌针对特定疾病的抗体，由此得到的抗体就被称作“单克隆抗体”。

由于单克隆抗体能够精准地与会引发疾病的特定抗原结合，并阻断抗原与人体的结合，因此它既可以用于病毒感染、肿瘤等疾病的诊断，又可以用于抑制免疫反应、抗感染、抗肿瘤等治疗。

发明杂交瘤技术的生物学家克勒和米尔斯坦，还获得了1984年的诺贝尔生理或医学奖呢！

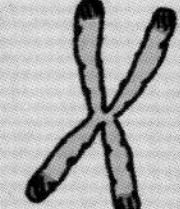

主编简介

刘全儒，北京师范大学生命科学学院教授、博士生导师，北京植物学会常务理事，被誉为“华北植物第一人”。主要从事植物分类学、植物资源学、植物地理学等方面的教学和研究工作。1995 年 7 月晋升讲师。参加《中国高等植物》以及《中国植物志》（英文版）部分科属的编写。

绘者简介

吉列尔莫 · 蒙杰，来自西班牙的插画师。他从 3 岁起就爱上了画画，长大后，他如愿在马德里和瓦伦西亚学习插图和平面设计。迄今为止，他已为很多书籍绘制了插图，并创作了很多备受欢迎的漫画作品，如《喜鹊世界》《最佳目标》《荆棘之心》等。